BEI GRIN MACHT SICH IHR WISSEN BEZAHLT

Jennifer Lorz

Die einheitliche Integration der schriftlichen Division in den Lehrplan der Primarstufe

Argumentation

GRIN Verlag

Bibliografische Information der Deutschen Nationalbibliothek:

Die Deutsche Bibliothek verzeichnet diese Publikation in der Deutschen National-
bibliografie; detaillierte bibliografische Daten sind im Internet über http://dnb.d-
nb.de/ abrufbar.

Impressum:

Copyright © 2011 GRIN Verlag GmbH
Druck und Bindung: Books on Demand GmbH, Norderstedt Germany
ISBN: 978-3-656-08459-4

Dieses Buch bei GRIN:

http://www.grin.com/de/e-book/181434/die-einheitliche-integration-der-schriftlichen-
division-in-den-lehrplan

GRIN - Your knowledge has value

Der GRIN Verlag publiziert seit 1998 wissenschaftliche Arbeiten von Studenten, Hochschullehrern und anderen Akademikern als eBook und gedrucktes Buch. Die Verlagswebsite www.grin.com ist die ideale Plattform zur Veröffentlichung von Hausarbeiten, Abschlussarbeiten, wissenschaftlichen Aufsätzen, Dissertationen und Fachbüchern.

Besuchen Sie uns im Internet:

http://www.grin.com/

http://www.facebook.com/grincom

http://www.twitter.com/grin_com

Jennifer Lorz

BA-6-Modul SS 2011

Die einheitliche Integration der schriftlichen Division in den Lehrplan der Primarstufe

- Argumentation -

Seminararbeit zum Seminar

Didaktik der Arithmetik

Prüfungsleistung zum BA-6-Modul

Grundschuldidaktik Mathematik I

Grundlagen des Lehrens und Lernens

im Fach Mathematik an Grundschulen

SS 2011

Institut für Grundschulpädagogik

Universität Leipzig

Inhaltsverzeichnis

1 Einleitung

Die Charakteristika des Mathematikunterrichts in der Primarstufe veränderten sich in den letzten Jahrzehnten stark. Stand früher noch der traditionelle lehrerzentrierte, formale Rechenunterricht im Vordergrund, so folgte aufgrund des Kognitivismus und des Pisa-Schocks im Jahre 2000 eine deutliche Zielverlagerung zum lernerzentrierten, kompetenzorientierten Mathematikunterricht. Die Denkprozesse, Strategien und die zu erwerbenden Kompetenzen des Schülers stehen nun im Zentrum der Aufmerksamkeit. Eine besondere Veränderung erlebt hierbei der Bereich der schriftlichen Rechenverfahren:

> Mit dem Rückgang der lebenspraktischen Bedeutung der schriftlichen Rechenverfahren ändern sich [mitunter, v. Verf.] die Ziele sowie die Art und Weise ihrer Behandlung im Unterricht. (Schipper 2009: 119)

Nun stehen die Entwicklung und die Festigung des mathematischen Verständnisses von Schülern im Mittelpunkt, anstatt einer vollkommenen Automatisierung von Rechenverfahren. Die Algorithmen sind derzeit selbst

> Gegenstand der unterrichtlichen Betrachtung [...], indem zum Beispiel die schriftlichen mit den nicht schriftlichen Verfahren verglichen, Vor- und Nachteile erörtert oder Variationen der Algorithmen untersucht werden. (ebd.)

Dies geht besonders deutlich aus dem Beschluss der Kultusministerkonferenz (KMK) vom 15. Oktober 2004 hervor. Laut den Standards für inhaltsbezogene und mathematische Kompetenzen sollen die Schüller alle

> vier Grundrechenarten und ihre Zusammenhänge verstehen, [...] mündliche und halbschriftliche Rechenstrategien verstehen und bei geeigneten Aufgaben anwenden, verschiedene Rechenwege vergleichen und bewerten [...] (KMK 2004: 11).

Die schriftlichen Rechenverfahren dienen dem Schüler zur Erleichterung im Umgang mit großen Zahlen, um den Rechenprozess zuverlässig und ökonomisch zu gestalten. Jedoch erfährt das schriftliche Divisionalverfahren eine Einschränkung durch diesen KMK-Beschluss, denn die Schüler müssen lediglich die schriftlichen Verfahren der „Addition, Subtraktion und Multiplikation verstehen, geläufig ausführen und bei geeigneten Aufgaben anwenden" (ebd.). Daraus resultierend entsteht in der Mathematikdidaktik eine Diskussion über die Notwendigkeit der Behandlung der schriftlichen Division.

In der vorliegenden Seminararbeit werden die verschiedenen Argumente der Mathematikdidaktiker zunächst zusammengetragen. Im darauffolgenden Kapitel erfolgt deren Kategorisierung durch die Autorin, wobei sie diese mit Kommentaren bzw. Wertungen ergänzt und sie sich infolgedessen eine eigene Positionierung erarbeitet. Abschließend wird die Fragestellung bearbeitet, was die Schüler am Ende der vierten Klasse leisten müssen und ob die schriftliche Division als Bestandteil des Lehrplans der Primarstufe einheitlich in allen Bundesländern Deutschlands zu intergieren ist.

2 Reflektion der schriftlichen Division in der Primarstufe

2.1 Allgemeine Merkmale schriftlicher Rechenverfahren

Das markanteste Merkmal schriftlicher Rechenverfahren ist das Rechnen mit Ziffern statt Zahlen. Für die Verfahren sind die Größe der Zahl und ihre Nachbarschaftsbeziehung zu anderen Zahlen nicht von Relevanz. Entscheidend ist die Position der Stelle, an der sie steht. Dieses Rechnen mit Stellen basiert auf einem Algorithmus, ein

> für seine spezifischen Anwendungsfälle [...] allgemein gültiges, in seiner Abfolge festgelegtes, eindeutig beschriebenes Verfahren, das nach endlich vielen Schritten und unabhängig von der Person, die diesen Algorithmus durchführt, zur Lösung führt. (Krauthausen/Scherer 2003: 46)

Somit arbeitet das schriftliche Rechnen nach festen Normen, weshalb es ohne Verständnis durchgeführt werden kann. Ebenfalls werden die Anforderungen an das Kopfrechnen und das Kurzzeitgedächtnis als auch der Schreibaufwand minimiert, sodass die Aufmerksamkeit der Schüler eher auf den Sachgehalt gelenkt werden kann, statt auf den Rechenprozess. (vgl. Schipper 2009: 120 ff.)

Daraus ergibt sich letztlich eine besondere Problematik, die für alle vier Grundrechenarten gleichermaßen zutrifft: Die Flexibilität zwischen Kopfrechnen und schriftlichem Rechnen geht verloren. Die Schüler wenden ein schriftliches Rechenverfahren nach dessen Einführung vermehrt an, obwohl sich das halbschriftliche Rechnen in bestimmten Aufgabenstellungen vorteilhafter eignet. Mithilfe von Rechenkonferenzen können die Schüler jedoch auf bestimmte Aufgaben aufmerksam gemacht werden, in denen ein halbschriftliches Rechenverfahren ökonomischer wäre. Dadurch soll „der Blick der Kinder für flexibles Rechnen geschärft werden" (ebd.: 121). Zudem bleibt das

Verständnis für das Zahlenrechnen nach Einführung des schriftlichen Rechenverfahrens erhalten. (vgl. ebd.: 120 f.)

2.2 Didaktischer Stellenwert

2.2.1 Argumente entsprechend allgemeiner Rechenverfahren

Eines von vielen Argumenten in der Diskussion über die Lehre schriftlicher Rechenverfahren beinhaltet die rasante technische Entwicklung unserer Zeit. „Im Berufs- und Alltagsleben wird das Rechnen inzwischen im Wesentlichen von elektronischen Rechnern ausgeführt" (ebd.: 123), weshalb die Frage berechtigt ist, ob das schriftliche Rechnen angesichts des umfangreichen Lehrplans eingeschränkt werden sollte. Besonders die schriftliche Division erscheint „im Mathematikunterricht der Grundschule überflüssig" (ebd.).

Die moderne Grundvorstellung des Mathematikunterrichts basiert auf dem Lernen als „ganzheitliche[n], sozial vermittelte[n] Prozess der eigenen Konstruktion von Wissen" (ebd.: 123 f.). Während der Bearbeitung von Aufgabenstellungen stehen der Schüler und seine Lernprozesse im Fokus. Individuelle Lösungswege sind erwünscht und „werden daher wegen ihrer Chancen für die Entwicklung rechnerischer Flexibilität als didaktisch hochwertiger angesehen als starre Algorithmen" (ebd.: 124).

Trotz dieser Argumente, die gegen schriftliche Rechenverfahren sprechen, gilt das schriftliche Rechnen als Kulturgut. Die Verfahren geben den Grundschulkindern die Möglichkeit „für eigene Aktivitäten, Einsichten und (Wieder)entdeckungen" (ebd.) und unterstützen deren Versuche bei der Optimierung eigener Rechenwege. Die Rechenverfahren können ohne Probleme auf mehrstellige Zahlen übertragen werden. Daneben lernen die Kinder ihre Techniken im Umgang mit den Rechenverfahren zu variieren und für sich eine eigene ökonomische Schreibweise zu finden. (vgl. ebd.) Hierfür ist jedoch ein Verständnis der Algorithmen fundamental. Es gilt: Verständnis, statt Beherrschung der Prozeduren. Eine Voraussetzung hierfür ist die Aufhebung künstlich geschaffener Grenzen:

> Statt für scheinbar existierende Aufgabenklassen [Kopfrechnen, (halb-)schriftliches Rechnen, v. Verf.] spezielle Rechenverfahren unterrichten zu wollen, sollte die Vielfalt möglicher Rechenwege und ihre flexible Nutzung durch die Schülerinnen und Schüler im Mittelpunkt des Unterrichts stehen. (ebd.: 125)

Aus diesen Ausführungen geht nun eine deutliche Verlagerung zu einer revidierten mathematisch-didaktischen Sichtweise hervor. Das Kopfrechnen ist stärker betont und das halbschriftliche Rechnen besitzt den Charakter „als ökonomische Rechenart für eine Vielzahl von Rechenanforderungen. [...] Aus der Erfahrung mit halbschriftlichen Strategien können [...] die schriftlichen Normalverfahren hervorgehen" (Krauthausen 2009: 101 f.). Laut Padberg können so Synergieeffekte ausgenutzt werden, die zwischen dem halbschriftlichen und dem schriftlichen Rechenverfahren bestehen (vgl. Padberg 2009: 205).

Vorteilhaft sei auch die Entlastung des kognitiven Arbeitsspeichers, da „sich die Schüler bei der Lösung von Sachaufgaben auf die *Sachsituation konzentrieren*" (ebd., Hevorheb. i.O.) können, da während der Entwicklung der Rechenwege überflüssige Teilschritte eliminiert wurden. Dies entlastet das Gedächtnis und fördert die mechanische Durchführung der Einzelschritte. Letztlich können Algorithmen „exemplarisch verdeutlichen, wie komplexe Rechnungen [...] *stark vereinfacht* werden. Diese Zielsetzung ist im Computerzeitalter von besonderer Bedeutung" (ebd.: 206, Hervorheb. i.O.). Ein weiterer Vorteil ist das Schaffen von Anlässen zum Argumentieren, Analysieren und Vergleichen. Mit der Erarbeitung und Entwicklung von Rechenwegen durch die Grundschüler ist dies gegeben. (vgl. ebd.: 205)

Dessen ungeachtet ist nicht allein die Erarbeitung von Rechenwegen ein zufriedenstellendes Argument für die Behandlung von Algorithmen im Mathematikunterricht der Primarstufe. Mittels des Rechnens mit natürlichen Zahlen entsteht die Grundlage für „das spätere Rechnen in den umfassenderen Zahlbereichen der rationalen bzw. reellen Zahlen" (ebd.: 206). Padberg spricht hier von einer sogenannten Curriculumspirale. Bei der Unterweisung des Curriculums durch den Lehrer bauen die Schüler auf ihr Vorwissen auf. Zielgebend ist die Erarbeitung des gesamten, formalen Apparats.

Zusammenfassend geht die Erarbeitung von Algorithmen von einem umfassenden Verständnis seitens der Schüler aus. Folglich führt ein Unverständnis des Algorithmus zu Fehlern, die für das jeweilige Rechenverfahren typisch sind (vgl. ebd.: 207). Daraus ergibt sich ein weiterer Nachteil: die Akzeptanz falscher Lösungen. Werden diese blind akzeptiert, da letztlich die „schriftlichen Rechenverfahren bei korrekter Anwendung stets richtige Ergebnisse liefern" (ebd.: 206), treten Fehler auf, die für den Schüler nicht auf Anhieb ersichtlich sind.

2.2.2 Argumente entsprechend der schriftlichen Division

Das für schriftliche Rechenverfahren die lebenspraktische Bedeutung in den Hintergrund gerückt ist, wurde schon im vorherigen Kapitel erwähnt und brauch an dieser Stelle nicht weiter ausgeführt werden. Besonders die Division ist ein sehr aufwendiges und mühsames Verfahren, weshalb eine abnehmende Bedeutung für den (Berufs-)Alltag verständlich ist.

In den vorherigen Ausführungen wurde deutlich, dass das Verständnis der Rechenprozesse im Vordergrund steht, jedoch nicht deren Automatisierung. Somit ergibt sich eine stärkere „Gewichtung der unterrichtlichen Herausarbeitung des mathematischen Kerns dieser Inhalte" (Schipper/Dröge/Ebeling 2002: 112). Daneben sind die Rechenwege der Addition, Subtraktion und Multiplikation ohne Probleme auf große Zahlen übertragbar, was jedoch nicht auf die mehrstellige Division zutrifft. Diese gehört deshalb „in den meisten Bundesländern nicht zum Kanon der Grundschulmathematik." (ebd.: 113).

Laut Schipper, Dröge und Ebeling ergeben sich keine echten Vorteile durch die schriftliche Division, denn der Schreibaufwand ist deutlich höher als bei der halbschriftlichen Division. Daneben geht auch die Flexibilität in der Anwendung der Rechenverfahren verloren. Wird eine nicht-optimale Teil-Aufgabe gewählt, führt dies im Divisionalverfahren meist zum Abbruch oder gar zu Fehlern.

> Das schriftliche Dividieren stellt damit gegenüber dem halbschriftlichen Rechnen weder hinsichtlich des Schreibaufwandes noch bezogen auf die Anforderungen bei den Teil-Berechnungen eine deutliche Erleichterung dar; individuelle Lösungswege sind gar nicht mehr möglich. (ebd.)

Folglich besteht in der Primarstufe oft nur die Möglichkeit die einstellige Division zu unterrichten, was aber der vollständigen Behandlung der Thematik *Schriftliche Division* gegenüber den anderen Rechenarten nicht gerecht werden könnte. Wenn eine Thematik begonnen wird, muss diese auch bis zum Abschluss behandelt werden, was aber aufgrund des Stoffumfangs und der zu erwerbenden Kompetenzen in der Grundschulzeit nicht möglich ist. Wird jedoch auf die Behandlung der schriftlichen Division in der Grundschule ganz verzichtet, dann wär diese die einzige Grundrechenart, wo Schüler kein schriftliches Verfahren angeboten wird, so Schipper, Dröge und Ebeling. Dabei ist der „Zusammenhang zwischen dem halbschriftlichen und schriftlichen Verfahren [der Division, v. Verf.] recht eng und kann damit gut unterrichtlich thematisiert werden" (ebd.).

5

Das schriftliche Divisionalverfahren weist eine hohe Fehleranfälligkeit auf, die auf zahlreiche Sonderfälle zurückzuführen ist. Die Kenntnis dieser Sonderfälle ist nicht zu unterschätzen, da laut Gerster das schriftliche Rechnen „ein Manipulieren mit Ziffern einzelner Stellenwerte und nicht ein Rechnen mit den Zahlen als Ganzes" (Gerster 2009: 272) darstellt. Spezifische Probleme gibt es beispielsweise beim Abschätzen von Ergebnisziffern (vgl. ebd.: 282 ff.). Aber auch Überschlagsrechnungen stellen für viele Schüler eine große Herausforderung dar. Besonders verwirrend ist, wenn

> die erste Wertziffer des Quotienten der schriftlichen Rechnung sich von der des Überschlags unterscheidet. Dieser Fall tritt immer dann auf, wenn der Dividend beim Überschlag *aufgerundet* wurde. (Schipper/Dröge/Ebeling 2002.: 121)

Schipper, Dröge und Ebeling empfehlen hierfür die Behandlung von Extremfällen, um die Unterschiede sichtbar zu machen, oder die Methodik der Eingrenzung. Weitere Schwierigkeiten treten bei besonderen Zahlenkonstellationen auf. Beispielsweise wenn der Teildividend größer als der Divisor ist und die Wert-Ziffer des Quotienten zu klein gewählt wurde. Zudem kann auch innerhalb des Algorithmus bei fehlerhafter Abschätzung des Dividenden eine Differenz entstehen, die kleiner als der Divisor ist, wodurch der Schüler womöglich mehrmals im gleichen Stellenwert dividiert. Eine besondere Problematik stellt die Arbeit mit Nullen dar. Hier ist zu beachten, dass diese in den täglichen Kopfrechenübungen regelmäßig thematisiert und auf die Sprechweise der Schüler geachtet wird, wobei hier das Enthaltensein zu empfehlen sei. (vgl. ebd.: 122 ff.)

Durch einen sicheren Umgang mit den Rechenarten während der schriftlichen Division können zumindest algebraische Fehler vermieden werden. Hierfür muss zumindest das kleine Einmaleins und Einsdurcheins „spätestens am Ende des dritten Schuljahres von allen Kindern sicher beherrscht werden" (ebd.: 121). Bei der Erarbeitung und Anwendung der schriftlichen Division können solch fehlende Grundverständnisse von dem Schüler nur schwer ausgeglichen werden, sodass vor allem rechenschwache Kinder einer zusätzlichen Unterstützung in Form von Rechentabellen bedürfen, wobei dennoch eine Festigung der Kopfrechenarten anzustreben ist.

Besonders hilfreich für die schriftliche Division ist ein sauberes Schriftbild. Notfalls sollte der Lehrer nochmals einen Ziffernschreibkurs durchführen oder seinen Schülern eine größere Lineatur empfehlen. (vgl. ebd.: 124)

3 Vorzeitige Behandlung der schriftlichen Division in der Primarstufe

Aus den vorherigen Ausführungen ergibt sich nun ein Gesamtbild über die einzelnen Argumente, die nun in diesem Kapitel zusammengefasst und geordnet werden, sodass eine Aussage darüber getroffen werden kann, inwiefern die Autorin die Unterweisung der schriftlichen Division in der Primarstufe als sinnvoll erachtet. Zu Beginn werden die Vorteile und Nachteile einer frühzeitigen Behandlung der schriftlichen Division aufgelistet. Im Anschluss folgt eine Erwägung zur Entscheidung für oder gegen die schriftliche Division, wobei die zu erwerbenden Kompetenzen und Fähigkeiten von Grundschülern an der Schwelle zur weiterführenden Schule berücksichtigt werden müssen.

3.1 Vorteile

Im Kapitel 2.2.1 (siehe S. 3) wurde das schriftliche Rechnen als Kulturgut beschrieben. Das schriftliche Rechnen nahm in der Geschichte des Mathematikunterrichts lange Zeit eine bedeutende Rolle ein. Heute erhalten unsere Schüler einen Einblick, wie die Kinder vergangener Jahrzehnte rechneten und vergleichen dies mit ihren heutigen Rechenerfahrungen. Damit eröffnet sich ein Spielraum für neue Einsichten, sie entdecken die Arithmetik in ihrer Vielfalt neu und können aus dem Wissensreichtum der Geschichte individuelle Rechenerfahrungen erleben und eigene Rechenstrategien optimieren. Interessant ist ebenfalls, dass die Länder untereinander verschiedene Rechenstrategien vertreten, z.B. Österreich, Tschechien, Türkei, Italien (vgl. Sieberer o.J.: 9). Dadurch lernen unsere Schüler, dass die schriftlichen Verfahren zwar Rechenmöglichkeiten darstellen, aber keine festgefahrenen Normen. Dies ermöglicht den Kindern ebenso zusätzliche Erfahrungs- und Entfaltungsspielräume.

Ein weiteres Argument, welches für die Behandlung der schriftlichen Division in der Grundschule spricht, ist der von Padberg erwähnte Synergieeffekt (vgl. Padberg 2009: 205). Die halbschriftliche Division ist die Grundlage für die schriftliche, da diese lediglich eine extrem reduzierte und normierte Form des halbschriftlichen Verfahrens ist. Somit besteht die Möglichkeit, dass sich die Schüler die schriftliche Division entdeckend aneignen, was hingegen ein enormes Zeitbudget erfordert. Dennoch ist verständlich, dass die schriftliche Division mit einstelligem Divisor und dessen selbstständige Erarbeitung durch den Schüler im Vordergrund stehen müssen. Dass dies gelingen kann, zeigt ein Erfahrungsbericht von Anita Winning. Sie erläutert in ihrem Bericht, wie sie sich mit den Schülern einen Zugang zur Thematik mit einer Verteil-Handlung erarbeitete, wie individuelle Darstellungsweisen entwickelt wurden und letztlich ein Algorithmus in optimierter Kurzform entstand. Hier nahm die Methodik des Unterrichtsgespräches eine zentrale Rolle ein, die den Unterricht als entdeckendes Lernen einer erlebbaren Mathematik umsetzte. (vgl. Winning 1998: 44 ff.)

Jedoch fördert die selbstständige Erarbeitung der schriftlichen Division nicht nur den Verstehensprozess, sondern beugt zudem typische Fehler des Algorithmus vor (siehe Kapitel 2.2.2: 6). Die Autorin vertritt die Auffassung, dass Fehler nicht als etwas Negatives verstanden werden dürfen. Sie sind ein wichtiger Bestandteil für die Entwicklung des mathematischen Verständnisses, d.h. unsere Schüler müssen lernen ihre Fehler als Chance für ihre Weiterentwicklung wahrzunehmen. Der Lehrer hat somit die Aufgabe auf reguläre wie auch aktuelle Fehlerquellen der Schüler hinzuweisen und diese mit ihnen gemeinsam zu bearbeiten. Fehler bieten die Möglichkeit für problemorientiertes Lernen, welches Kinder auch entdeckend bewältigen können. Rechenkonferenzen bieten hierfür einen guten Ansatz.

Zweifellos führt das schriftliche Verfahren nach ausreichender Übung und fortschreitender Automatisierung zur kognitiven Entlastung (siehe Kapitel 2.2.1: 4) und trainiert ebenso die Anwendung des kleinen Einmaleins, Einsdurcheins und Einsminuseins (siehe Kapitel 2.2.2: 6). Voraussetzung ist dennoch, dass diese schon fehlerfrei beherrscht werden, da deren Aufarbeitung während der Unterweisung in die schriftliche Division kaum möglich ist. Desweiteren entsteht der positive Effekt der Curriculumspirale (siehe Kapitel 2.2.1: 4), die sich durch die Übertragung der Algorithmen auf verschiedene Zahlenräume einstellt. Somit erkennen die Schüler, dass die Algorithmen unabhängig von den Zahlenräumen sind. Das Verständnis für den Algorithmus und den Aufbau des Zahlenraumes ist besonders relevant, um die Kinder zu einem späteren Zeitpunkt in die Programmierung einfacher Programme einzuweisen, die auf der Grundlage von Algorithmen, Zahlensystemen und Zahlenräumen aufbauen. Dies entkräftet das Argument der Technisierung. Technik kann nur entwickelt werden, wenn Informatiker Programme erstellen und warten können. Die Grundlage bildet hierfür ein hohes mathematisch, technisches Verständnis, das schon in der Primarstufe fundiert wird.

Letztlich sei noch ein weiterer Vorteil zu ergänzen. Dieser besteht in der objektiven Leistungsdokumentation, die anhand schriftlicher Rechenverfahren ermöglicht wird. Dieses Argument ist für die Beantwortung der Fragestellung, ob die schriftliche Division in der Primarstufe bestehen bleiben soll, nur geringfügig hilfreich. Eine objektive Bewertung findet sich schließlich auch in der Leistungsbeurteilung der anderen drei Rechenarten.

Immerhin ist kaum zu bestreiten, dass für die schriftliche Division ein sauberes Schriftbild vorteilhaft ist, welches auch vom Lehrer explizit eingefordert werden muss (siehe Kapitel 2.2.2: 6). In den Anfangsklassen scheint die Bemühung einer saubereren Heftführung seitens der Schüler noch überwiegend vorhanden, wird jedoch mit zunehmender Klassenstufe vernachlässigt, da vermehrt die Lernprozesse und deren Verschriftlichung im Vordergrund stehen, aber weniger auf das Schriftbild geachtet wird. Am Ende der vierten Klasse kann mithilfe der schriftlichen Division die Bedeutung eines saubereren Schriftbildes erneut hervorgehoben werden, z.b. zur Fehlerreduzierung. Folglich lenken die Schüler erneut ihre Aufmerksamkeit auf ihr Schriftbild, sodass zum Übergang in die weiterführende Stufe ein gepflegtes Schriftbild vorgezeigt werden kann.

3.2   Nachteile

Das Argument der rasanten technischen Entwicklung (siehe Kapitel 2.2.1: 3) wurde im vorherigen Unterkapitel entkräftet. Es ist verständlich, dass das schriftliche Divisionalverfahren im Alltag und zahlreichen Berufsgruppen aufgrund des Taschenrechners eher eine untergeordnete Rolle spielt, jedoch bedarf die (Weiter-)Entwicklung solch technischer Geräte ein Verständnis aller Rechenarten und -verfahren.

Problematisch ist, dass das Verfahren der schriftlichen Division bei mehrstelligen Divisoren an Schwierigkeit enorm zunimmt, wogegen in der schriftlichen Addition, Subtraktion und Multiplikation der Umgang mit mehrstelligen Summanden, Subtrahenden und Faktoren mithilfe des schriftlichen Verfahrens eher vereinfacht wird (siehe Kapitel 2.2.2: 5). Die Verwendung mehrstelliger Divisoren setzt die automatisierte Beherrschung der anderen drei Rechenverfahren voraus, die jedoch bis zum Ende der vierten Klasse bei allen Schülern womöglich nicht mit hoher Sicherheit beherrscht werden können.

Zudem birgt das schriftliche Divisionalverfahren aufgrund seiner hohen Komplexität eine enorme Fehleranfälligkeit, die bei vereinzelten Kindern zu einem negativen Selbstkonzept führen kann, wenn sie das Verfahren nicht verstehen, selten Erfolgsmomente erleben und sich selbst mit fortgeschritteneren Mitschülern vergleichen.

Kommt noch die mehrstellige Division hinzu, drohen diese Kinder in eine Demotivationsfalle zu rutschen. Sie entwickeln eine negative Einstellung gegenüber den schriftlichen Rechenverfahren der Mathematik, was die Lehrer weiterführender Schulen nur schwer kompensieren können. Folglich sei nach Auffassung der Autorin lediglich die einstellige Division in der Primastufe zu behandeln, begründet auf Basis der Verständnisförderung des Algorithmus.

Neben der hohen Komplexität und des enormen Schreibaufwandes der schriftlichen Division gegenüber dem halbschriftlichen Verfahren, ist auch ihr enorm starres Schema aufzugreifen. Es lässt keine individuellen Lösungswege zu, wobei diese während der selbstständigen Entwicklung des Verfahrens durch die Schüler gefördert werden und so einem entdeckenden Unterricht beitragen können (vgl. Winning 1998).

Ein weiteres Argument gegen die frühzeitige Unterweisung der schriftlichen Division in der Primarstufe liegt auch in der enormen Leistungsheterogenität eines Klassenverbandes. Für zahlreiche Schüler erscheint die schriftliche Division noch zu schwer, da das Grundwissen hierfür noch nicht sichtbar gefestigt ist. Demgemäß erscheint es sinnvoller die anderen drei Grundrechenarten intensiv zu erarbeiten und anzuwenden, d.h. im vollen Umfang zu behandeln. Für die Autorin ist die schriftliche Division mit einstelligem Divisor entgegen dem Argument von Schipper, Dröge und Ebeling (siehe Kapitel 2.2.2: 5) dennoch empfehlenswert. Gewiss wird die schriftliche Division den anderen Rechenarten nicht gerecht, aber dies erscheint der Autorin auch nicht notwendig. Die Sicherung eines Grundverständnisses steht schließlich im Vordergrund, was in den vorherigen Ausführungen ersichtlich wurde. In den weiterführenden Schulen kann aufgrund des dadurch resultierenden, homogeneren Wissenstandes der Schüler gut an die weiterführende Thematisierung der Division angeknüpft werden. Die Division durch mehrstellige Divisoren sieht die Autorin nur als eine weiterführende Kunst des schriftlichen Verfahrens.
Durch diese Einschränkung kann intensiver auf einzelne Schüler der Primarstufe eingegangen werden. Die leistungsstarken Kinder können sich spielerisch, mit Herausforderung und Enthusiasmus an die mehrstellige Division heranwagen, ohne eine Wertung zu erhalten. Leistungsschwächere Schüler erhalten die Chance auf ein genaueres Eingehen durch den Lehrer, ohne das Druck aufgrund des eingeschränkten Zeitkontingents ausgeübt wird.

Die Akzeptanz falscher Lösungen (siehe Kapitel 2.2.1: 4) ist letztlich nicht nur ein Problem der Division, sondern auch eines der anderen Rechenarten. Mithilfe der Überschlagsrechnung und einer kontinuierlichen Probedurchführung kann das Auge des Schülers für mögliche Fehler geschult werden. Unsere Kinder müssen lernen ihre Ergebnisse nicht nur in der Mathematik kritisch zu hinterfragen und sich selbstständig zu korrigieren, sondern auch in den anderen Schulfächern. Die Mathematik bietet hier nur eine günstigere Ausgangsposition, da fehlerhafte Ergebnisse leichter nachgewiesen und korrigiert werden können, als Argumentationslinien komplizierter Denkprozesse eines Literaturgesprächs im Deutschunterricht.

Diese Flexibilität im Umgang mit Überprüfungsinstrumenten gilt auch für die Entscheidung von Rechenverfahren zu schulen. Verständlich neigen Schüler ihre Flexibilität in der Wahl von Rechenverfahren zu verlieren (siehe Kapitel 2.2.2: 5), schließlich entlastet das schriftliche Rechnen komplizierte Gedankengänge. Zudem sind schriftliche Ergebnisse leichter festzuhalten und zu überprüfen, wobei während des Kopfrechnens die Speicherkapazität des Schülers auf die Probe gestellt wird. Letztlich müssen dem Schüler stets die Vor- und Nachteile der verschiedenen Rechenverfahren in bestimmten Anwendungssituationen bewusst gemacht werden. Dies kann beispielsweise gelingen, indem die zu unterrichtende Klasse in drei Gruppen eingeteilt wird, wobei jede Gruppe ein Rechenverfahren symbolisiert. Der Lehrer stellt verschiedene Aufgaben, die jede Gruppe für sich berechnet. Dabei sei darauf zu achten, dass die Aufgaben unterschiedliche Rechenverfahren bevorzugen. Im Anschluss erfolgt eine Diskussion und Auswertung der Ergebnisse. Diese Methode sollte regelmäßig angewendet werden, wobei die Schüler stets in andere Rechenverfahrens-Gruppen zugeordnet werden.

3.3   An der Schwelle zur weiterführenden Schule

Die Lehrpläne der Bundesländer vertreten unterschiedliche Positionen bezüglich der schriftlichen Division. Im Anhang kann der Leser diese in einer vom Autor erstellten Tabelle einsehen (siehe Anhang, Tabelle 1 und 2: 17 f.).

Die Bundesländer Hamburg und Nordrhein-Westfalen sehen lediglich die Unterweisung in die schriftliche Addition, Subtraktion und Multiplikation vor, orientiert an dem Beschluss der KMK (vgl. KMK 2004: 11). Sachsen verlangt lediglich einen Einblick und Niedersachsen eine Einführung in die schriftliche Division; bieten aber keine detailliertere Vorgabe zur Behandlung der Thematik. Dreiviertel der Bundesländer legen die schriftliche Division mit einstelligen Divisoren als Mindestmaß fest, wobei 37,5 % die

Division durch Zehnerpotenzen und 25 % die Division durch mehrstellige Divisoren in ihren Lehrplan der Primarstufe einschließen. (vgl. Anhang, Tabelle 3: 19) Diese Unterschiede empfindet die Autorin als erschreckend. Entweder behandeln Bundesländer die schriftliche Division gar nicht oder gar im vollen Umfang. Dies hat zur Folge, dass auch die Heterogenität der Schüler innerhalb des Gesamtspiegels der Bundesländer bedeutend ansteigt. An dieser Stelle möchte die Autorin darauf hinweisen, dass sie nicht negativ gegenüber der Heterogenität von Schülern eingestellt ist, jedoch sieht sie einen großen Nachteil darin, wenn Schüler mit extrem unterschiedlichen Leistungsständen eines bestimmten Faches in höhere Schulstufen wechseln. Die Bedenken der Autorin sollen an dem folgenden Beispiel verdeutlicht werden:

Aufgrund der Flexibilität und Mobilität in dem Berufsleben der Eltern müssen Schüler womöglich Wohnorte wechseln, die über die Grenzen von Bundesländern hinausgehen. Die Klassenkonstellation eines Mathematiklehrers beinhalte entsprechend Schüler, die die schriftliche Division gar nicht kennen, aber auch Kinder, die diese schon im vollen Umfang beherrschen. Hier besteht ein hohes Leistungsgefälle, das dem Lehrer viel Zeit, Aufwand, Kreativität und Geduld kostet. Dagegen erscheint es womöglich weniger kritisch, wenn leistungsstarke Kinder einen Einblick in die mehrstellige Division erhalten haben und leistungsschwächere ihre Defizite am Ende der vierten Klasse ausgleichen konnten. Zwar besteht auch hier noch eine Heterogenität, die sich jedoch nicht so extrem negativ auf die Unterrichtsorganisation des Lehrers auswirkt, wie der zuvor beschriebene Fall.

Es wurde verdeutlicht, dass die Anforderungen der Bundesländer bezüglich der schriftlichen Division recht unterschiedlich sind. Dennoch besteht die Frage, was ein Schüler am Ende der vierten Klasse beherrschen muss. Welche Kompetenzen muss er erworben haben? Spiegel und Selter geben hierzu eine sinnvolle Orientierung:

Die Schüler müssen eine konkrete Vorstellung über die symbolische Form der Zahl, dem Aufbau des Zehnersystems und der Beziehung zu den Nachbarszahlen bis zur 1.000.000 aufbauen. Zudem sollten die Kinder über das Blitzrechnen im Kopf verfügen, um Aufgaben des kleinen Einspluseins, Einsminuseins, Einmaleins und Einsdurcheins fehlerlos und sicher zu beherrschen. Ein großer Vorteil hierfür sei das Rechnen mithilfe von mündlichen und halbschriftlichen Rechenstrategien. (vgl. Spiegel/Selter 2007: 66 f.)

Die meisten Lehrpläne Deutschlands setzen die Grundlage, dass die Schüler zumindest die Normalverfahren der schriftlichen Addition, Subtraktion und Multiplikation verstehen und geläufig ausführen. Die schriftliche Division fällt lediglich unter die Kategorie *Verstehen und Nachvollziehen*. Dies lässt den Schluss zu, dass sie in die fünfte Klassenstufe verschoben werden kann, sodass mehr Zeit für "das mündliche und halbschriftliche Rechnen" (ebd.) aufgebracht werden kann. Diese Einstellung teilt die Autorin jedoch nicht. Das Verstehen und Nachvollziehen nimmt den größten Teil der Erarbeitung der schriftlichen Division ein. Ist das Verständnis in der Primarstufe gesichert, so wirkt sich der Wiederholungsprozess in der höheren Schulstufe womöglich begünstigend auf die Anwendung des Divisionalalgorithmus aus. Möglicherweise kann so der Umgang mit mehrstelligen Divisoren aufgrund der fortgeschritteneren Reife des Schülers und dessen Fähigkeit zur Verknüpfung von Wissenselementen erleichtert werden. Daneben wird auch die höhere Schulstufe bei dem Ausgleich der Leistungsheterogenität der Schüler entlastet.

Auch das Runden von Zahlen, das Schätzen von Ergebnissen und das Rechnen mit diesen Zahlen müssen problemangemessen und überschlagend von den Schülern zu bewältigen sein. (vgl. ebd.)

Letztlich besteht ebenfalls die Notwendigkeit der Entwicklung der mathematischen Bildungssprache, d.h. die Schüler „kennen wichtige mathematische Zeichen, Fachbegriffe, Notationsformen und verwenden diese sachgerecht." (ebd.: 69), mitunter Symbole für Zahlen und Rechenoperationen, aber auch mathematische Begriffe, z.B. addieren, subtrahieren, Differenz, Produkt, Quotient, usw.

Dies sind jene Kompetenzen, welche die Schüler am Ende der vierten Klassen neben der einstelligen schriftlichen Division auf jeden Fall beherrschen müssen, um einen erfolgreichen Übergang in die höheren Schulstufen zu meistern.

4   Fazit

Aus den Ausführungen dieser Seminararbeit geht deutlich hervor, dass die schriftlichen Normalverfahren auch in den neueren Konzeptionen einen bedeutsamen Unterrichtsinhalt darstellen. Der Stellenwert ist jedoch gesunken, sie „sind nicht länger das Zentrum des Rechenunterrichts, sondern eine [...] Methode neben dem Kopfrechnen und dem halbschriftlichen Rechnen" (Spiegel/Selter 2007: 65).

Aufgrund der Ausführungen dieser Seminararbeit ergeben sich Konsequenzen für den Mathematikunterricht, die schon Padberg unter folgenden Aspekten zusammen-fasste: Die erste Konsequenz liegt in einem ausgewogenen Verhältnis zwischen dem halbschriftlichen und dem schriftlichen Rechnen: „Die schriftlichen Rechenverfahren stehen [...] nicht am Anfang, sondern sind die *Endform* eines längeren Prozesses." (Padberg 2009: 208, Hervorheb. i.O.)

Eine weitere Konsequenz betrifft die Betrachtung der Fehler als wichtigen Entwicklungsschritt eines Schülers. Die Fehler seien eine Chance „für eine Optimierung von Lernprozessen für den einzelnen Schüler wie für die ganze Klasse zu begreifen und *nicht* einseitig als ein (partielles) Versagen des betreffenden Schülers" (ebd.: 209, Hervorheb. i.O.).

Zudem erscheint auch eine stärkere Gewichtung für Kontroll- und Überschlagsrechnungen im Mathematikunterricht der Primarstufe sinnvoll, denn sie bewirken, dass „Schüler die Zahlen als reine Ansammlungen von Ziffern auffassen und fördern so den Aufbau von Größenvorstellungen." (ebd.)

Als vierte und letzte Konsequenz, die zugleich auch eine der bedeutendsten ist, sei die Verständnisförderung während der Automatisierungsphase, um so den Schülern einen reflektierten Umgang mit den Rechenverfahren zu vermitteln. Dies gelingt mithilfe entsprechender Frage- und Aufgabenstellungen. (vgl. ebd.)

Die Autorin plädiert für eine Vereinheitlichung der Lehrpläne unter den Bundesländern in dem Lernbereich *Schriftliche Division*. So kann die Flexibilität unter den Bundesländern gefördert und einheitliche Zugangsvoraussetzung an höhere Schulstufen ermöglicht werden. Die meisten Bundesländer beinhalten in ihren Lehrplänen die schriftliche Division mit einstelligem Divisor. Diese muss letztlich auf Basis des Verständnisses und der Bearbeitung typischer Fehler behandelt werden. Die schriftliche Division mit Zehnerpotenzen bzw. mehrstelligen Divisoren sei lediglich Schülern vorbehalten, die leistungsstark sind, für sich selbst die Herausforderung suchen und deren Selbstkonzept so gut entwickelt ist, dass sie positiv mit Misserfolg umgehen und diesen vorteilhaft für sich verarbeiten können.

Zwar schließt der KMK-Beschluss die schriftliche Division in der Primarstufe gänzlich aus (vgl. KMK 2004: 11), dennoch erscheint dies der Autorin nicht sinnvoll. Zahlreiche Vorteile konnten in den vorherigen Ausführungen bestätigt und Nachteile entkräftet werden, die letztlich für die Kompetenzentwicklung im Bereich des Diskutierens, Problemlösens, kritischen Denkens und vieles mehr relevant sind. Die Didaktiker dürfen sich nicht davon verleiten lassen einen kompletten Lernstoffbereich der höheren Schulstufe zuzuweisen, nur weil dieser in einem Beschluss nicht mehr enthalten ist. Die schriftliche Division nahm schließlich über viele Jahre eine große Bedeutung in dem Mathematikunterricht der Primarstufe ein. Letztlich hat sich dessen Zielsichtweise geändert und weniger der Stoffinhalt, mit dessen Hilfe sich unsere Schüler bestimmte Kompetenzen erarbeiten können. Die schriftliche Division stellt diese Kompetenzen am Ende des vierten Schuljahres auf eine erkenntnisreiche Probe: Der Lehrer erfährt, welche Kompetenzen weiter erneut bearbeitet und gefestigt werden müssen.

Die schriftliche Division muss entsprechend als Chance einer fortgeschrittenen Kompetenzentwicklung für den Übergang an weiterführenden Schulen gesehen werden. Nicht als ein Verfahren, dass die Schüler in ihrer Entwicklung hemmt.

Literaturverzeichnis

Gerster, Hans-Dieter (2009): Probleme und Fehler bei den schriftlichen Rechenverfahren. In: Fritz, Annemarie/Ricken, Gabi/Schmidt, Siegbert (Hg.): Handbuch Rechenschwäche. Lernwege, Schwierigkeiten und Hilfen bei Dyskalkulie. Weinheim/Basel: Beltz, S. 269–284.

Konferenz der Kultusminister der Länder in der Bundesrepublik Deutschland (KMK) (2004): Bildungsstandards im Fach Mathematik für den Primarbereich. Beschluss vom 15.10.2004. Im Internet unter http://www.kmk.org/fileadmin/veroeffentlichungen_beschluesse/2004/2004_10_15-Bildungsstandards-Mathe-Primar.pdf (28.07.2011).

Krauthausen, Günter (2009): Entwicklungen arithmetischer Fertigkeiten und Strategien - Kopfrechnen und halbschriftliches Rechnen. In: Fritz, Annemarie/Ricken, Gabi/Schmidt, Siegbert (Hg.): Handbuch Rechenschwäche. Lernwege, Schwierigkeiten und Hilfen bei Dyskalkulie. Weinheim/Basel: Beltz, S. 100–117.

Krauthausen, Günter/ Scherer, Petra (2003): Einführung in die Mathematikdidaktik. Mathematik in der Primar- und Sekundarstufe. 2. Aufl. Heidelberg/Berlin: Spektrum Akademischer Verlag.

Padberg, Friedhelm (2009): Didaktik der Arithmetik. Für Lehrerausbildung und Lehrerfortbildung. 3. überarb. Aufl. München: Spektrum Akademischer Verlag.

Schipper, Wilhelm (2009): Schriftliches Rechnen als neue Chance für rechenschwache Kinder. In: Fritz, Annemarie/Ricken, Gabi/Schmidt, Siegbert (Hg.): Handbuch Rechenschwäche. Lernwege, Schwierigkeiten und Hilfen bei Dyskalkulie. Weinheim/Basel: Beltz, S. 118–134.

Schipper, Wilhelm/Dröge, Rotraut/ Ebeling, Astrid (2002): Handbuch für den Mathematikunterricht. 4. Schuljahr. Dr. A2. 4 Bände. Hannover: Schroedel Verlag (Bd. 4).

Sieberer, Wolfgang (o.J.): Schriftliche Rechenoperationen in verschiedenen Ländern und Kulturen. Im Internet unter http://www.spz-kufstein.tsn.at/Dateien/Schriftliche_Rechenoperationen_Artikel.pdf (04.08.2011).

Spiegel, Hartmut/Selter, Christoph (2007): Kinder & Mathematik. Was Erwachsene wissen sollten. 4. Aufl. Seelze: Kallmeyer in Verbindung mit Klett.

Winning, Anita (1998): „Durch-Aufgaben" kurz schreiben. Von individuellen Rechenstrategien zur schriftlichen Division. In: Die Grundschulzeitschrift. 12. Jg., H. 119, S. 44-46).

Anhang

A.1 Einsicht in die Lehrpläne aller Bundesländer

Teil 1: B – M

Bundesländer	Schriftliche Division Primarstufe (Klasse 4)
Baden-Württemberg	"sicher schriftlich rechnen [...] schriftliche Division (mit einstelligem Divisor)" (Lehrplan Baden-Württemberg, S. 60)
Bayern	"Das Verfahren der schriftlichen Division mit Divisoren bis 20 erarbeiten sich die Schüler auf der Grundlage der Division mit Rest und gewinnen durch Üben und Anwenden Sicherheit im schriftlichen Dividieren." (Lehrplan Bayern, S. 259)
Berlin	"die schriftlichen Verfahren der Addition, Subtraktion, Multiplikation, Division ausführen und beschreiben" (Lehrplan Berlin, S. 36)
Brandenburg	"Das Verfahren der schriftlichen Division wird mit einstelligem Divisor und situationsabhängig mit ausgewählten zweistelligen Divisoren durchgeführt." (Lehrplan Brandenburg, S. 29)
Bremen	"verstehen und beherrschen schriftliche[r] Verfahren der Addition, Subtraktion, Multiplikation und Division mit einstelligem Divisor" (Lehrplan Bremen, S. 13)
Hamburg	"führen die vier Grundoperationen mit halbschriftlichen Strategien in der Menge der natürlichen Zahlen aus und wenden sie bei geeigneten Aufgaben an, [...] verstehen Verfahren der schriftlichen Addition, Subtraktion und Multiplikation, führen diese geläufig aus und wenden sie bei geeigneten Aufgaben an" (Lehrplan Hamburg, S. 20)
Hessen	"Die schriftliche Division beschränkt sich auf das Teilen durch einstellige Zahlen als [...] verbindliches Lernziel. Im freien oder zusätzlichen Angebot kann mit zweistelligen Divisoren gerechnet werden." (Lehrplan Hessen, S. 154)
Mecklenburg-Vorpommern	"Das Verfahren der schriftlichen Division wird mit einstelligem Divisor und situationsabhängig mit ausgewählten zweistelligen Divisoren durchgeführt." (Lehrplan Mecklenburg-Vorpommern, S. 23)

Tabelle 1: Baden-Württemberg bis Mecklenburg-Vorpommern

Niedersachsen	"Bei der schriftlichen Division [...] liegt der Schwerpunkt auf dem halbschriftlichen Verfahren. Im Unterricht wird der schriftliche Algorithmus mit einstelligem Divisor zwar eingeführt, ohne dass aber seine Automatisierung erwartet wird." (Lehrplan Niedersachsen, S. 19)
Nordrhein-Westfalen	"erläutern die schriftlichen Rechenverfahren [...], indem sie die einzelnen Rechenschritte an Beispielen in nachvollziehbarer Weise beschreiben [und] führen die schriftlichen Rechenverfahren der Addition, Subtraktion und Multiplikation sicher aus" (Lehrplan Nordrhein-Westfalen, S. 62)
Rheinland-Pfalz	"Verfahren der schriftlichen Addition (mehrere Summanden), Subtraktion (ein Subtrahend), Multiplikation (mehrstellige Multiplikatoren), Division (einstelliger Divisor oder Zehnerzahl)" (Lehrplan Rheinland-Pfalz, S. 35)
Saarland	"das schriftliche Verfahren der Division mit einstelligem und zehnernahem zweistelligem Divisor beherrschen" (Lehrplan Saarland, S. 24)
Sachsen	"Einblick gewinnen in das schriftliche Verfahren der Division" (Lehrplan Sachsen, S. 26)
Sachsen-Anhalt	"schriftliches Verfahren der Division mit und ohne Rest (Divisor einstellig bzw. Vielfaches von 10) ausführen" (Lehrplan Sachsen-Anhalt, S. 9)
Schleswig-Holstein	"Die schriftliche Division aus den halbschriftlichen Verfahren erarbeiten, Zahlen durch einstellige Zahlen schriftlich dividieren (Restschreibweise)" (Lehrplan Schleswig-Holstein, S. 86)
Thüringen	"die schriftlichen Verfahren von Addition, Subtraktion, Multiplikation und Division geläufig ausführen beim [...] Dividieren durch einstellige und wichtige zweistellige Divisoren (wie 10, 12, 20, 25, 50)" (Lehrplan Thüringen, S. 12 f.)

Tabelle 2: Niedersachsen bis Thüringen

A.2 Prozentuale Verteilung

Bundesländer	keine schriftl. Div.	Einblick/Einführung	[...] mit einstell. Divisor	[...] mit Zehnerzahl-Divisor	[...] mit zweistell. Divisor
Baden-Württemberg			1		
Bayern			1	1	
Berlin			1	1	1
Brandenburg			1	0	
Bremen			1		
Hamburg	1				
Hessen			1	0	0
Mecklenburg-Vorpommern			1	0	0
Niedersachsen		1			
Nordrhein-Westfalen	1				
Rheinland-Pfalz			1	1	1
Saarland			1	1	1
Sachsen		1			
Sachsen-Anhalt			1	1	
Schleswig-Holstein			1		
Thüringen			1	1	1
Summe	2	2	12	6	4
Prozentualer Anteil in [%]	12,5	12,5	75	37,5	25

Zeichenbedeutung:

1	verbindlich
0	situationsabhängig

Tabelle 3: Statistische Auswertung

Quellenverzeichnis der Lehrpläne:

Lehrplan Baden-Württemberg: *Ministerium für Kultus, Jugend und Sport Baden-Württemberg (2004)*: Bildungsplan 2004. Grundschule. Im Internet unter http://www.bildung-staerkt-menschen.de/service/downloads/Bildungsplaene/Grundschule/Grundschule_Bildungspl an_Gesamt.pdf (04.08.2011).

Lehrplan Bayern: *Staatsinstitut für Schulqualität und Bildungsforschung München (2000)*: Lehrplan für die bayrische Grundschule. Jahrgangsstufe 4. Im Internet unter http://www.isb.bayern.de/isb/download.aspx?DownloadFileID=219edd960f1b498bb20c 364f99ac88da (04.08.2011).

Lehrplan Berlin: *Senatsverwaltung für Bildung, Wissenschaft und Forschung Berlin (2004)*: Rahmenlehrplan Grundschule. Mathematik. Im Internet unter http://www.berlin.de/sen/bildung/unterricht/lehrplaene (04.08.2011).

Lehrplan Brandenburg: *Senatsverwaltung für Bildung, Wissenschaft und Forschung Brandenburg (2004)*: Rahmenlehrplan Grundschule. Mathematik. Im Internet unter http://bildungsserver.berlin-brandenburg.de/curricula_gs_bb.html (04.08.2011).

Lehrplan Bremen: *Landesinstitut für Schule Bremen (2004)*: Rahmenlehrplan Grundschule. Mathematik. Im Internet unter http://www.lis.bremen.de/sixcms/media.php/13/04-06-23_Mathe.pdf (04.08.2011).

Lehrplan Hamburg: *Behörde für Schule und Berufsbildung Hamburg (2011)*: Bildungsplan Grundschule. Mathematik. Im Internet unter http://www.hamburg.de/contentblob/2481796/data/mathematik-gs.pdf (04.08.2011).

Lehrplan Hessen: *Hessisches Kulturministerium (1995)*: Rahmenplan Grundschule. Im Internet unter http://www.hessisches-kultusministerium.de/irj/HKM_Internet?cid=5df05f498ea6a7b1f8b10a875c9983ca (04.08.2011).

Lehrplan Mecklenburg-Vorpommern: *Landesinstitut für Schule und Ausbildung Mecklenburg-Vorpommern (2004)*: Rahmenlehrplan Grundschule. Mathematik. Im Internet unter http://www.bildungsserver-mv.de/download/rahmenplaene/rp-mathe-gs.pdf (04.08.2011).

Lehrplan Niedersachsen: *Niedersächsisches Kultusministerium (2006)*: Kerncurriculum für die Grundschule. Schuljahrgänge 1-4. Mathematik. Im Internet unter http://db2.nibis.de/1db/cuvo/datei/kc_gs_mathe_nib.pdf (04.08.2011).

Lehrplan Nordrhein-Westfalen: *Ministerium für Schule und Weiterbildung des Landes Nordrhein-Westfalen (2006)*: Richtlinien und Lehrpläne für die Grundschule in Nordrhein-Westfalen. Im Internet unter http://www.standardsicherung.schulministerium.nrw.de/lehrplaene/upload/klp_gs/LP_G S_2008.pdf (04.08.2011).

Lehrplan Rheinland-Pfalz: *Ministerium für Bildung, Frauen und Jugend Rheinland-Pfalz (2002)*: Rahmenplan Grundschule. Allgemeine Grundlegung. Teilrahmenplan Mathematik. Im Internet unter http://lehrplaene.bildung-rp.de/schulart.html (04.08.2011).

Lehrplan Saarland: *Ministerium für Bildung, Familie, Frauen und Kultur Saarland (2009)*: Kernlehrplan Mathematik. Grundschule. Im Internet unter http://www.saarland.de/dokumente/thema_bildung/KLPGSMathematik.pdf (04.08.2011).

Lehrplan Sachsen: *Sächsisches Staatsinstitut für Bildung und Schulentwicklung (2009)*: Lehrplan Grundschule. Mathematik. Im Internet unter http://www.sachsen-macht-schule.de/apps/lehrplandb/downloads/lehrplaene/lp_gs_mathematik_2009.pdf (04.08.2011).

Lehrplan Sachsen-Anhalt: *Kultusministerium Sachsen-Anhalt (o.J.)*: Fachlehrplan Grundschule. Mathematik. Im Internet unter http://www.bildung-lsa.de/pool/RRL_Lehrplaene/Entwuerfe/lpgsmathe.pdf (04.08.2011).

Lehrplan Schleswig-Holstein: *Ministerium für Bildung, Wissenschaft, Forschung und Kultur des Landes Schleswig-Holstein (o.J.)*: Lehrplan Grundschule. Im Internet unter http://lehrplan.lernnetz.de/index.php?wahl=156 (04.08.2011).

Lehrplan Thüringen: *Thüringer Ministerium für Bildung, Wissenschaft und Kultur (2010)*: Lehrplan Mathematik. Grundschule. Im Internet unter http://www.schulportal-thueringen.de/web/guest/media/detail?tspi=1262 (04.08.2011).